André Mampuya Nzita

Avaliação do ciclo de vida do cimento Lukala

André Mampuya Nzita

Avaliação do ciclo de vida do cimento Lukala

Avaliação dos impactos ambientais e sociais

ScienciaScripts

Imprint

Cover image: www.ingimage.com

This book is a translation from the original published under ISBN 978-3-659-91371-6.

Publisher:
Sciencia Scripts
is a trademark of
Dodo Books Indian Ocean Ltd. and OmniScriptum S.R.L publishing group

120 High Road, East Finchley, London, N2 9ED, United Kingdom
Str. Armeneasca 28/1, office 1, Chisinau MD-2012, Republic of Moldova, Europe
Managing Directors: Ieva Konstantinova, Victoria Ursu
info@omniscriptum.com

Printed at: see last page
ISBN: 978-620-8-39062-4

INTRODUÇÃO

A Avaliação do Ciclo de Vida (ACV) tornou-se uma ferramenta essencial para avaliar e reduzir os impactos ambientais dos produtos, particularmente em sectores industriais críticos como o do cimento. Este livro, intitulado "A Análise do Ciclo de Vida da Fábrica de Cimento Lukala: Towards a More Sustainable Production", explora esta metodologia, fornecendo uma visão geral dos conceitos, definições e aplicações da ACV, enquanto examina especificamente a indústria do cimento.

Num contexto em que a sustentabilidade e a responsabilidade ambiental assumem um lugar de destaque, a ACV permite a adoção de uma abordagem sistémica para identificar oportunidades de melhoria ao longo do ciclo de vida de um produto. Desde a extração de matérias-primas até à gestão de resíduos, cada etapa é analisada para quantificar os impactos ambientais e orientar as decisões para práticas mais sustentáveis.

Este livro também explora o estado da arte da ACV, apresentando estudos de caso relevantes e destacando as principais contribuições dos investigadores na área. Ao integrar conceitos-chave, como o inventário do ciclo de vida e os indicadores de impacte ambiental, este livro é um recurso valioso para profissionais, investigadores e estudantes que pretendam aprofundar os seus conhecimentos sobre a ACV e a sua aplicação na indústria cimenteira.

Com esta introdução, pretendemos lançar as bases para uma reflexão crítica sobre os desafios actuais e futuros da indústria, propondo simultaneamente metodologias para melhorar a sua pegada ecológica. O objetivo é encorajar um diálogo construtivo sobre as melhores práticas e inovações que podem transformar a indústria do cimento num sector mais sustentável.

CAPÍTULO I: INFORMAÇÕES GERAIS SOBRE A ANÁLISE DO CICLO DE VIDA E A INDÚSTRIA CIMENTEIRA

I.1. Generalidades sobre a análise do ciclo de vida

I.1.1. Introdução

A Análise do Ciclo de Vida (ACV) permite-nos estudar as prioridades de ação através das quais os impactos ambientais de um produto podem ser reduzidos. Tradicionalmente, o ambiente era tido em conta quer através da consideração dos impactos gerados (resíduos, emissões) quer por sector de atividade (indústria). Estas abordagens revelaram-se insuficientes (por serem demasiado fragmentadas) para justificar os méritos dos esforços a desenvolver a nível ambiental. A redução de um impacto modifica as outras caraterísticas dos sistemas considerados, sem que seja possível avaliar a pertinência global dessas modificações [12].

Com efeito, a análise do ciclo de vida, por vezes designada por eco-equilíbrio, é uma metodologia de avaliação "do berço ao túmulo" que quantifica o impacto ambiental de produtos, serviços ou sistemas de produção desde a extração das matérias-primas que os compõem até à sua eliminação no fim de vida, considerando também as fases de distribuição, utilização e reciclagem [12].

De acordo com a norma ISO 14040, a avaliação do ciclo de vida (ACV) é uma técnica para avaliar os aspectos ambientais e os potenciais impactos ambientais associados a um sistema de produto [12].

I.1.2. Estado da arte da ACV

Nesta secção, serão analisados alguns trabalhos realizados sobre ACV, destacando o nome do trabalho e os nomes dos autores. Utilizou [27] o modelo de avaliação do ciclo de vida (ACV) para analisar em pormenor o impacto da reciclagem de vários tipos de resíduos nas emissões de GEE. Os resultados mostram que a triagem dos resíduos na fonte pode contribuir para a redução das emissões de GEE. Levantou algumas questões para [28] sobre a avaliação do ciclo de vida das infra-estruturas rodoviárias e concluiu com alguns princípios a observar ao efetuar a ACV de uma estrada.

O Institute for Global Environmental Strategies [29] utilizou a abordagem da ACV para desenvolver uma simulação da tomada de decisões das autarquias locais na escolha da tecnologia adequada e na conceção de sistemas de gestão de resíduos adaptados à atenuação das alterações climáticas, bem como para avaliar os seus resultados/progressos na atenuação dos GEE.

Baseado em [26], o seu cálculo dos impactos dos ligantes de betão no princípio da ACV. Os resultados mostram que nenhum ligante hidráulico estudado até à data pode competir com os aspectos práticos, eficientes e económicos do cimento Portland. Utilizou [18] a ACV para o desenvolvimento sustentável no caso das fábricas de cimento. Concluiu que a procura de ferramentas de avaliação objectivas para todos os métodos de produção de cimento parece inevitável. Avaliou [30] os pontos fortes e as limitações da ACV no sector agrícola.

O resultado do estudo mostra que a ACV apenas avalia os impactos potenciais do sistema estudado e não os impactos reais, o que exigiria a medição de emissões reais e o estudo das condições locais e dos fenómenos de transferência de emissões. Desenvolveu-se [31] o impacto nos consumidores utilizando a ACV.

Em resumo, a proteção dos princípios de transparência, inteligibilidade e comparabilidade dos resultados deverá criar as condições ideais para que a análise do ciclo de vida sirva efetivamente de base à comunicação ambiental. Utilizou [32] a ACV à escala do edifício e fez várias observações interessantes.

Em primeiro lugar, a necessidade de alargar o pensamento ambiental à escala urbana. A prevalência dos impactes devidos à mobilidade e à gestão dos resíduos na avaliação ambiental global do bairro é disso testemunho. Utilizou a ACV [24] no tratamento de lamas de depuração. Os resultados deste estudo mostram que a deposição das lamas em aterro não é uma boa forma de eliminação do ponto de vista ambiental. A incineração e a oxidação térmica são boas formas de eliminação das lamas, desde que a energia libertada seja recuperada e reutilizada no sistema.

A ACV foi utilizada em [23] na simulação de processos e na avaliação do ciclo de vida da produção de pigmentos cerâmicos: um estudo de caso do Cr verde O_{23} . Foi descrito que a maior parte das emissões provinha da produção e do transporte das suas matérias-primas (contribuindo com 96% das emissões totais de CO_2) e de outras instalações (eletricidade, instalações de produção, etc.), e não do processo de calcinação examinado.

Apresentou [23] uma panorâmica dos vários aspectos ambientais associados à produção de pigmentos de TiO (utilizando métodos de sulfato e cloreto), salientando o contributo positivo da metodologia LCA para desenvolvimentos mais sustentáveis.

Efectuaram simulações LCA para [23] a avaliação de um novo processo de produção de TiO_2 envolvendo a torrefação alcalina de escórias de titânio (ARTS) e descreveram as vantagens ambientais do processo ARTS em relação aos métodos tradicionais de sulfato e cloreto. Liao et al. [23] efectuaram simulações de ACV para calcular indicadores termodinâmicos de recursos e avaliar os métodos de sulfato e de cloreto utilizados na produção de titânio (pigmento TiO_2) na cidade de Panzhihua, no sudoeste da China. Grubb e Bakshi [23] calcularam o impacto do ciclo de vida das emissões, necessidades de energia e perdas de energia para um novo processo de nanopartículas de TiO_2 a partir de matéria-prima de ilmenite.

I.1.3. A ACV, uma ferramenta de cálculo e de tomada de decisões

I.1.3.1. Algumas definições

Para compreender plenamente a análise do ciclo de vida, é necessário definir alguns conceitos que serão utilizados ao longo deste trabalho. Para o efeito, é necessário começar por definir:
A Análise do Ciclo de Vida, ou ACV em acrónimo, é a medição dos recursos necessários para fabricar um produto ou dispositivo destinado ao edifício e a quantificação dos impactos ambientais desse fabrico. É expressa de acordo com a norma ISO 14040, segundo 10 critérios que quantificam os impactes do produto ou do sistema no ambiente: consumo de energia, de matérias-primas, de água, produção de resíduos, etc. [22]:

- Ciclo de vida: O ciclo de vida reúne as fases sucessivas da vida de um produto ou sistema: extração de matérias-primas, fabrico, exploração ou aplicação, manutenção, demolição e reciclagem. Esta abordagem permite uma melhor compreensão dos fluxos de entrada (matérias-primas, energia, etc.) e dos fluxos de saída (emissões, resíduos, etc.) em relação ao ambiente local ou global e à saúde [22];
- Inventário do Ciclo de Vida, abreviadamente ICV: O ICV é uma avaliação completa dos "fluxos de entrada" e dos "fluxos de saída", ou seja, os recursos energéticos, as matérias-primas e os transportes necessários para fabricar um produto ou sistema. O âmbito é definido. Por exemplo, no caso do cimento, o cálculo é efectuado entre a pedreira e a "porta da fábrica", ou seja, até ao carregamento do camião. Não tem em conta o transporte até ao cliente. O transporte a jusante será incluído no cálculo do ICM do betão em que o cimento é utilizado [22];
- Unidade funcional: Esta é a unidade de referência na análise do ciclo de vida. Permite exprimir os impactos num elemento representativo e bem caracterizado de uma construção durante uma vida útil predeterminada (também designada por vida útil típica - VST) [22]. Entrada (ou saída): fluxo de produto, material ou energia que entra (ou sai) de um processo elementar [22].

I.1.3.2. Princípio da ACV

É necessário compreender que a ACV não se aplica apenas ao fabrico de um produto, mas que é uma reflexão completa sobre a produção e o transporte de matérias-primas, o fabrico, o transporte e o equipamento de construção necessários para obter o produto. Ou seja, todos os impactos de um produto, desde a extração das matérias-primas até à sua eliminação ou reciclagem, como mostra a Figura 1.1 [26].

A análise do ciclo de vida divide-se em quatro etapas [30]: Etapa 1: Definição do domínio de estudo: esta etapa consiste em definir a função do produto escolhido e, em seguida, escolher uma unidade funcional (UF), que é precisa, mensurável e aditiva, representando assim uma quantificação da função.

Assim, no domínio da construção, é essencial definir um tempo de vida típico (TL) do produto. Etapa 2: Inventário do ciclo de vida: Esta etapa consiste em quantificar os fluxos de entrada e de saída associados a cada uma das fases do ciclo de vida consideradas dentro dos limites do estudo.

Etapa 3: Avaliação do impacto do ciclo de vida: A avaliação do impacto tem por objetivo transformar os fluxos obtidos durante o inventário do ciclo de vida numa série de impactos ambientais (efeito de estufa, destruição da camada de ozono estratosférico, esgotamento dos recursos naturais, acidificação atmosférica, formação de oxidantes fotoquímicos, eutrofização da água, toxicidade e ecotoxicidade, etc.) e/ou danos (saúde humana, aquecimento global, destruição dos recursos naturais, etc.) utilizando factores de emissão.

Etapa 4: interpretação: Esta última etapa consiste em analisar os resultados obtidos, a pertinência dos dados recolhidos e as hipóteses formuladas relativamente aos limites do sistema. Podem ser efectuadas análises de sensibilidade para avaliar a influência de certas escolhas e parâmetros-chave nos resultados.

I.1.4. Indicadores de impacto ambiental

A análise do ciclo de vida centra-se em diferentes indicadores de impacto ambiental. No sector da construção, a transcrição deste método de cálculo é objeto de uma norma francesa, NF P01-010, "Qualidade ambiental dos produtos de construção-Declaração ambiental e sanitária dos produtos de construção" [26]. No nosso trabalho de estudo final, o cálculo da ACV avaliará dois critérios ambientais:

- Consumo de recursos energéticos: principal fluxo de entrada que ocorre em diferentes fases do ciclo de vida;
- Pegada de carbono, alterações climáticas: Emissões de CO_2, principal fluxo de saída ao longo do ciclo de vida do elemento estudado.

Cada um destes dois critérios será avaliado em cada fase da vida do produto, como ilustrado no diagrama abaixo:

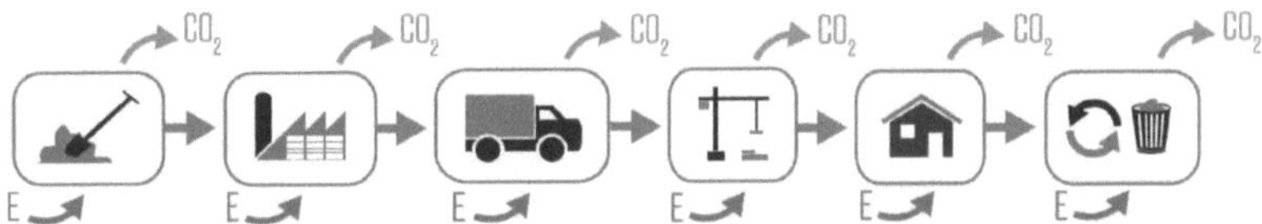

Figura 1.1: Diagrama simplificado de inventário de fluxo [26]

Segue-se a lista dos indicadores ambientais estabelecidos por esta norma e os factores de referência retidos que lhes dizem respeito.

Quadro 1.1: Indicadores de impacto ambiental [26]

INDICADOR	REFERÊNCIA	UNIDADE/UF
Consumo de recursos energéticos	Consumo de recursos energéticos Recursos energéticos	Kg MJ
Esgotamento dos recursos naturais "Potencial de esgotamento abiótico"	Quantidade de antimónio (Sb) consumido	Kg eq. de antimónio (Sb)
Consumo de água	Consumo total de água	L
Resíduos sólidos	Resíduos eliminados ou recuperados	Kg

Alterações climáticas	Quantidade de dióxido de carbono emitida	Kg eq. CO_2
Acidificação atmosférica	Quantidade de dióxido de ar emitido	Kg eq. SO_2
Poluição atmosférica	Substância emitida para o ar	m^3
Poluição da água	Substância libertada na água e no solo	m^3
Destruição da camada de ozono estratosférico	Quantidade de compostos orgânicos clorofluorados emitidos	Kg CFC éq.
Formação fotoquímica de ozono	Quantidade de hidrocarbonetos emitidos	Kg eq. de etileno

I.1.5. Acesso aos dados

Os estudos de ACV requerem uma grande quantidade de dados. Consequentemente, a fiabilidade dos resultados dependerá em grande medida da qualidade dos dados. A sua origem e qualidade devem, pois, ser especificadas [2,5,10,13,18].

Por conseguinte, é importante notar que os dados em que se baseia a avaliação dos impactos ambientais no contexto da ACV reflectem o estado dos conhecimentos e da informação atualmente disponíveis. A abordagem e os cálculos que se seguem terão, portanto, de ser actualizados, refinados e melhorados à medida que os conhecimentos neste domínio avançam e os dados evoluem.
Nota: Os resultados da ACV dependem da quantidade de dados e a fiabilidade dos mesmos resulta desse facto. Estão sujeitos aos efeitos cumulativos das incertezas dos dados de entrada e da sua variabilidade [2,5,10,13,18].

Finalmente, para efetuar corretamente a análise do ciclo de vida, o processo de dados deve seguir uma série de etapas [26]:

- Reparação da recolha de dados: O ciclo de vida é esquematizado num diagrama dos processos elementares que estão ligados por fluxos. O método de recolha de dados e os cálculos são explicados;

- Recolha de dados: a pesquisa de dados é efectuada através de medições, cálculos, estimativas, pareceres de peritos, pesquisas bibliográficas ou através da utilização de bases de dados especializadas para o LCAS;
- Validação dos dados: o controlo da qualidade dos dados é efectuado após a recolha. A verificação é feita através do controlo do balanço dos balanços materiais ou energéticos, por uma análise comparativa dos factores de emissão de processos próximos, etc.
- Ligação de dados com a unidade funcional: os fluxos são recalculados em relação ao fluxo de referência para cada fase do ciclo de vida do sistema.

  Agregação de dados ao nível do ciclo de vida: o inventário de materiais e energia é estabelecido através da agregação dos fluxos de cada fase do ciclo de vida.

I.1.6. Comparação entre a Avaliação do Ciclo de Vida (ACV) e a Avaliação do Impacto Ambiental (AIA)

Foi desenvolvida uma grande variedade de métodos para abordar questões ambientais. Estes métodos são condicionados pela gama de objectivos ambientais selecionados, pela área de utilização, pelo tipo de análise e pelos resultados esperados. Vamos comparar a ACV com outro método que também adquiriu uma certa notoriedade na avaliação do impacto ambiental [2,5,10,13,18]. De facto, a comparação entre a ACV e a AIA é apresentada na Figura 1.2.

I.2 de acordo com as escalas espaciais e temporais consideradas

A ACV é efectuada a um nível global, do berço ao túmulo, enquanto uma AIA efectua a sua análise para um local específico sem considerar todo o ciclo de vida. São, por conseguinte, ferramentas complementares, cuja escolha final depende dos objectivos a atingir. Assim, para uma avaliação específica de um sítio, o EIA é mais adequado, pois permite considerar as condições específicas da região, como o número de pessoas que vivem perto da empresa, a distância entre a empresa e as zonas residenciais e a presença de ecossistemas específicos. A ferramenta "ideal" que abrange as escalas local e global, do berço ao túmulo, é potencialmente viável, mas exigiria recursos humanos e de tempo desproporcionados para a sua implementação e utilização [2,5,10,13,18].

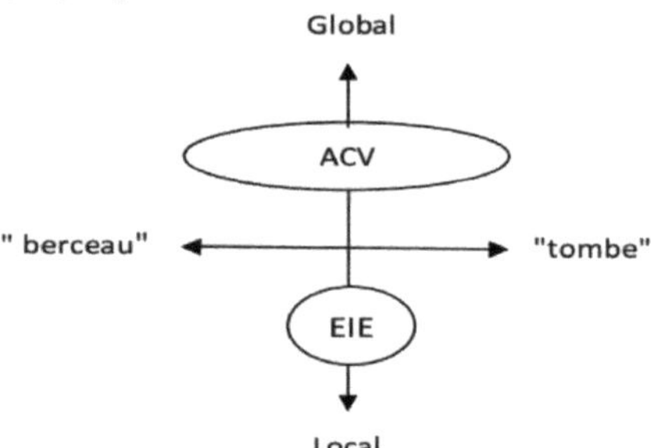

Figura 1.2: Comparação entre a Avaliação do Impacto Ambiental (AIA) e a Análise do Ciclo de Vida (ACV) [18]

I.2.1. Realização da análise do ciclo de vida

A ACV do presente trabalho basear-se-á nos impactos das três fases sucessivas: extração de matérias-primas, processamento de matérias-primas e fabrico.

Para efetuar uma análise do ciclo de vida, recomenda-se vivamente a realização da análise em duas fases:

- Uma avaliação preliminar ou triagem efectua a análise de A a Z de forma rápida e simplificada, avaliando a ordem de grandeza das contribuições das diferentes fases do ciclo de vida;
- Uma segunda etapa detalhada, que retoma as fases de definição do objetivo, inventário e análise de impacto, aprofundando os pontos com maiores impactos ambientais. Esta etapa conduz à interpretação final dos resultados, complementada por um estudo de sensibilidade pormenorizado e pela estimativa das incertezas [2,5,10,13,18].

As primeiras estimativas, nomeadamente do consumo de matérias-primas e das emissões de gases com efeito de estufa, podem ser obtidas através de um cálculo "manual". Quando o número de substâncias a ter em conta é elevado, recomenda-se a utilização de software específico para análises de ciclo de vida, efectuando o balanço manualmente como controlo.

I.2.1.1. Definição dos objectivos e do âmbito do estudo (1ª fase da ACV)

Esta fase consiste em definir a função do produto escolhido e depois escolher uma unidade funcional (UF), que é precisa, mensurável e aditiva, representando assim uma quantificação da função [2,5,10,13,18]. Tendo os objectivos sido definidos na introdução geral, nesta secção será apresentado o âmbito do estudo.

I.2.1.1.1. Definição do âmbito do estudo

O âmbito do nosso trabalho é delimitado pela definição dos seguintes elementos:

- A função do sistema: o nosso sistema é de natureza produtiva e comercial da gama "Cimento Portland".
- A unidade funcional (UF): a unidade funcional do nosso sistema é determinada por: a atividade associada ao produto que permite a produção de uma tonelada de clínquer [2,5,10,13,18].
- Fluxo de referência (RF): o fluxo de referência neste trabalho é definido por: as quantidades de entradas e saídas tomadas em relação a uma tonelada de clínquer [2,5,10,13,18].
- Limite do sistema: Para limitar o âmbito do estudo, é razoável negligenciar os processos unitários cujas actividades não alteram significativamente os resultados da ACV.

A regra de corte geralmente utilizada é a de Crettaz (2005) para a qual, se uma fase ou um processo unitário causar uma variação no resultado inferior a 5%, esse processo unitário não é considerado nos limites do sistema [2,5,10,13,18].
A figura abaixo apresenta uma visão geral de uma fábrica de cimento.

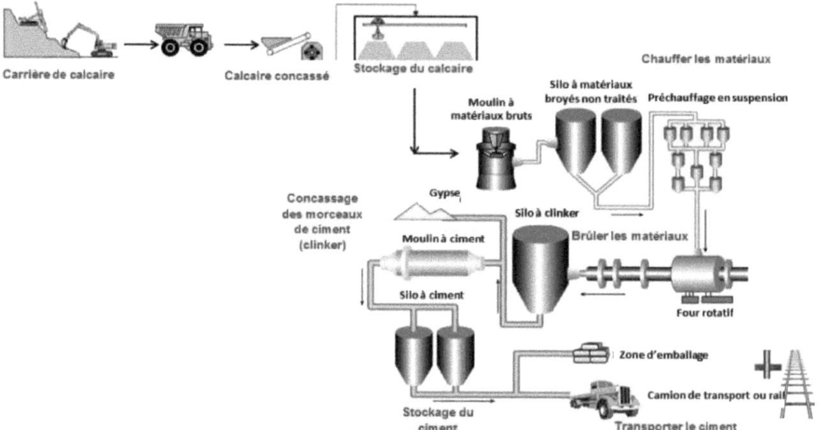

Figura 1.3: Fluxograma simplificado da fábrica de cimento [14]

I.2.1.2. Inventário de fluxos (2ª fase da ACV)

Fazer uma avaliação ambiental consiste em estimar qualitativa e quantitativamente todos os consumos de recursos naturais (materiais e energia) e impactos (emissões de GEE e resíduos). Este inventário é efectuado com base nos inputs (fluxos de materiais e de energia) necessários à produção de farinha, de clínquer e de cimento. As quantidades de substâncias emitidas são então calculadas utilizando factores que quantificam estas emissões por unidade de entrada [2,5,10,13,18].

São utilizados dois métodos de aquisição de dados para efetuar o inventário [2,5,10,13,18]: Recolha de dados no local industrial durante um período de referência; abordagem "Input-output" que permite o acoplamento entre parâmetros de entrada e dados de saída.

A indústria do cimento: generalidades e característicasO cimento é o principal constituinte das argamassas e dos betões, porque é um ligante hidráulico que une os agregados e os grãos de areia [26]. O cimento é um material de construção durável, versátil e literalmente reciclável. Por conseguinte, é essencial no sector da engenharia civil da indústria da construção. A obtenção do cimento é o resultado de uma proeza técnica que mostraremos neste ponto. O sector do cimento é um sector industrial essencial. É importante compreender a sua produção, o contexto regulamentar, bem como as emissões geradas por esta produção [33].

I.2.2. Processo de fabrico do cimento

O principal constituinte do cimento é o clínquer, que é obtido a partir da cozedura até 1450 °C de uma mistura de calcário ($CaCO_3$) e argila (silicatos), cujas proporções médias são, respetivamente, 80% e 20% [2,5,10,13,18]. O clínquer assim obtido é misturado com o aditivo bruto (gesso) para se obter o cimento portland. A calcinação do calcário produz cal (CaO) através da libertação de dióxido de carbono (CO_2) de acordo com a seguinte reação:

$$CaCO_3 \rightarrow CaO + CO_2$$

A cal reage com a argila para formar silicatos dicálcicos ($2CaOSiO_2$), silicatos tricálcicos ($3CaOSiO_2$), aluminatos tricálcicos ($3CaOAl2O_3$), e/ou aluminoferrite tetracálcica ($4CaOAl\ O_{23}\ Fe2O_3$) [33]. O processo de obtenção do cimento inclui três operações principais [25]:

- Preparação da matéria-prima: extração das matérias, sua homogeneização e preparação para obter a farinha crua;
- Cozedura: cozedura da farinha crua para obtenção de clínquer;
- Moagem e acondicionamento: moagem do clínquer e dos aditivos para o fabrico do cimento, sua armazenagem e expedição.

A figura abaixo ilustra o processo de fabrico do cimento:

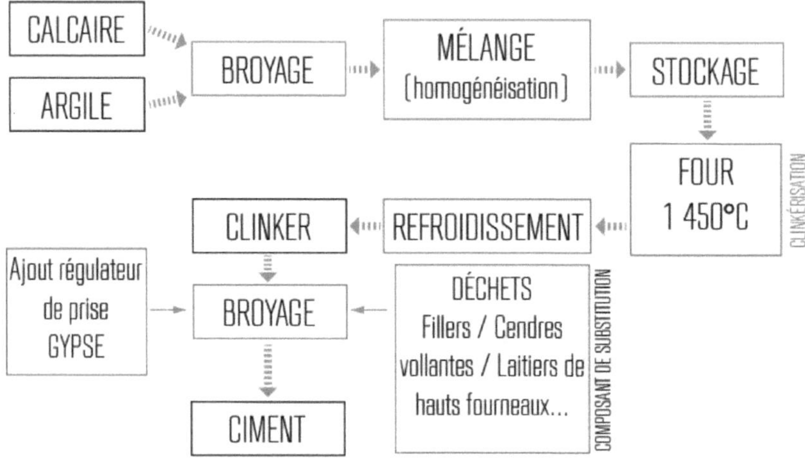

Figura 1.4: Processo de fabrico do cimento [26]

I.2.2.1. Extração de matérias-primas

Esta fase consiste na extração de matérias-primas de pedreiras naturais a céu aberto. O calcário e a argila são os principais materiais para o fabrico do cimento. Estas matérias-primas são extraídas das paredes rochosas por meio de explosões ou de pás mecânicas. A rocha é depois transportada para uma oficina de britagem [25].

I.2.2.2. Preparação das matérias-primas

A fase de preparação da matéria-prima consiste em fazer uma pré-homogeneização criada num pavilhão, uma mistura homogénea, dispondo o material em camadas horizontais sobrepostas. O material é retomado após o tratamento. A farinha crua é obtida após a fase de moagem. A farinha crua é homogeneizada e armazenada em silos.

Os sistemas pneumáticos e mecânicos asseguram o transporte da farinha crua para os silos de armazenagem [25].

I.2.2.3. Cozedura da farinha

Cada operação envolvida no processo de fabrico do cimento é importante e deve ser correta; caso contrário, o cimento pode não ter a qualidade necessária para a sua utilização. No entanto, a cozedura é provavelmente a operação mais sensível e importante em termos de potencial de emissão, qualidade e custo do produto.

Com efeito, a farinha crua (ou a pasta para o processo húmido) é introduzida em pó num pré-aquecedor de ciclone. Este permutador de gás/material efectua a descarbonatação parcial da farinha crua (25% a 30%), que deve estar pronta para as reacções de clinkerização no forno. Em suma, a cozedura é o processo de obtenção de clínquer a partir da farinha crua [2,5,10,13,18].

À saída do forno, o cimento é rapidamente arrefecido. O clínquer será posteriormente moído e o gesso ($CaSO_4$), que regulará a velocidade de endurecimento, será adicionado para produzir o cimento. Nesta fase, podem também ser incorporados aditivos para obter as propriedades desejadas [33]. O forno rotativo é constituído por um cilindro de aço em caldeira, acionado por uma velocidade lenta e regulável (0,67 a 2 rpm), e tem uma inclinação de 3% na direção do fluxo de material. Este tubo, também chamado de concha, assenta em rolos através de três ligaduras; é revestido no interior com tijolos refractários que protegem as placas de temperaturas elevadas (1850°C para os gases e 1450°C para o material).

A montante, o material entra a uma temperatura de 800 °C. A jusante, os gases a 1850°C são injectados através do bocal. Ocorre uma troca em contracorrente entre os gases e o material. À medida que o material avança, aquece e transforma-se.
Um grupo de acionamento confere ao forno o movimento de rotação necessário, quer para a mistura do material, quer para a sua descida regular da zona a montante (zona de descarbonatação) para a zona a jusante (zona de clinkerização).

Na saída, os grânulos incandescentes são arrefecidos rapidamente em contacto com o ar injetado nos tubos, o que lhes confere as estruturas cristalográficas ideais [2,5,10,13,18].
O forno rotativo de cimento pode ser ilustrado da seguinte forma:

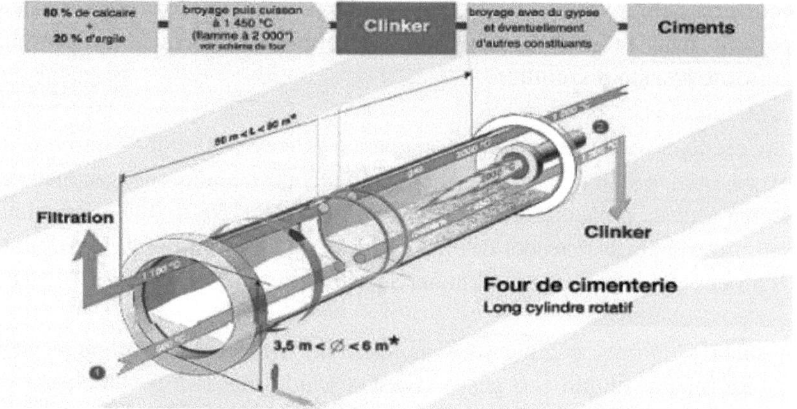

Figura 1.5: Forno rotativo de cimento [16]

As zonas de reação do forno:

Durante a cozedura no forno, os componentes da mistura crua sofrem reacções químicas sucessivas que os transformam em clínquer. O forno está assim dividido em zonas. Os limites entre estas diferentes zonas dependem das temperaturas e das reacções químicas que ocorrem no material. No entanto, variam ao longo do tempo e o seu comprimento depende da qualidade da energia térmica recebida dos gases e da parede [2,5,10,13,18].

No entanto, podemos distinguir quatro zonas principais relacionadas com estes mecanismos físico-químicos: a zona de descarbonatação, a zona de transição, a zona de clinkerização e a zona de arrefecimento [2,5,10,13,18]. As diferentes zonas de reação em função das temperaturas podem ser apresentadas na figura abaixo.

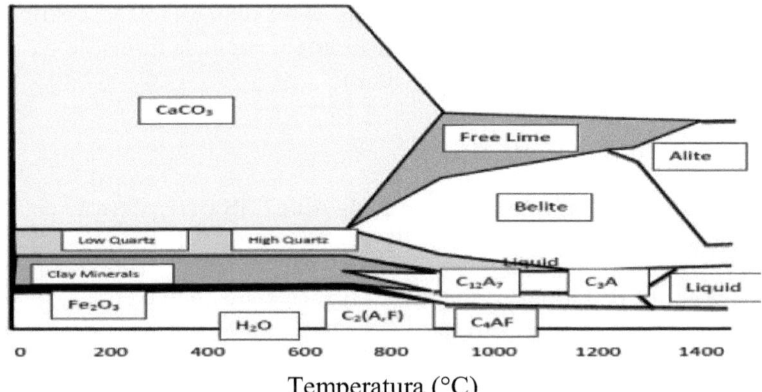

Figura 1. 6: Principais zonas de reação no forno em função da temperatura [18]

- Zona de descarbonatação: É a zona compreendida entre 600 e 900°C, cujas diferentes transformações são as seguintes: De 600 a 800°C: Início da descarbonatação:

$$3CaCO_3 + SiO_2 \rightarrow 2C_2SCaCO_3 + 2CO_2$$
$$2C_2SCaCO_3 \rightarrow 2C_2S + CaO + CO_2$$
$$C + A \rightarrow CA$$

De 800 a 850°C: formação de Belite C2S e de certas combinações intermédias de aluminas. De 850 a 900°C: formação de C3A

- Zona de transição: Esta é a zona entre 900 e 1250°C e temos as seguintes reacções: De 900 a 1000°C: o CaO livre torna-se excessivo. De 1000 a 1250°C: formação de C4AF

$$4CaO + Al_2O_3 + Fe_2O_3 \rightarrow 4CaO, Al_2O_3, Fe_2O_3$$
$$3CaO + Al_2O_3 \rightarrow 3CaO, Al_2O_3\ C_3A$$

- Zona de clinkering: Esta é a zona entre 1250 e 1450°C, distribuída da seguinte forma:De 1250 à 1350°C : início da formação da Alite C_3 S (début de la clinkérisation) :

$$3CaO + SiO_2 \rightarrow 3CaO, SiO_2$$

De 1350 a 1450°C: reação de formação de Alite C3S e cristalização de Alite e Belite (clinkerização)

- Zona de arrefecimento: Esta é a zona entre 1450 e 80°C: De 1450 a 1200°C: arrefecimento. De 1200 a 80°C: arrefecimento total e estabilização do C3S.

Os principais constituintes mineralógicos do clínquer são:

Tabela 1.2: Principais propriedades mineralógicas do clínquer [16]

Símbolo	Nome e fórmula química	% peso médio	Calor libertado em kJ/kgkk
C S_3	silicato tricálcico ou alite 3CaO.SiO2	62	502,32
C S_2	silicato dicálcico ou Belite 2CaO.SiO2	22	259,53
C A_3	Aluminato tricálcico 3CaO.Al2O3	8	866,50
C_4 AF	Alumino-ferrite tetracálcica 4CaO.Al2O3.FeO3	8	418,60

I.2.2.4. Moagem do clínquer

A última fase de fabrico de uma fábrica de cimento é a moagem do clínquer, geralmente proveniente do forno, com uma percentagem de gesso e, eventualmente, outros aditivos, sendo o cimento transportado para silos de armazenamento de um ou vários compartimentos [25].

I.2.2.5. Embalagem e expedição

O cimento é acondicionado em silos e transportado por:Transporte em sacos: geralmente de 50 kg, e o ensacamento atinge frequentemente 90

T/h.Transporte a granel: em que a extração é feita sob o silo numa báscula por mangas telescópicas [2,5,10,13,18]. Os cimentos podem ser classificados em duas grandes famílias [25]:

a) Cimentos de Portland:

- O cimento Portland (CEM 1) ;
- O cimento Portland composto (CEM II).

b) cimentos compostos ou mistos:

- Cimentos de alto-forno (CEM III);
- Cimentos pozolânicos (CEM IV);
- Cimentos de escórias e cinzas ou cimento composto (CEM V).

I.2.3. Produção mundial de cimento

Em 2013, o Serviço Geológico dos Estados Unidos (USGS, 2014) estimou a produção mundial de cimento em 4 gigatoneladas. Nesse mesmo ano, só a China foi responsável pela maior parte desta produção, com 2,3 Gt. A Índia ficou em segundo lugar, com 280 megatoneladas (Mt), e os Estados Unidos ficaram em terceiro, com 78 Mt.

A figura 1.1 ilustra o aumento constante da produção mundial desde 1999, bem como as diferentes tendências da produção americana e chinesa. [33].

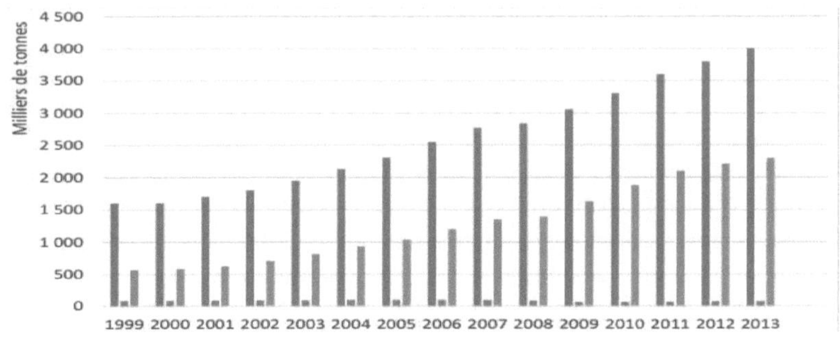

Figura 1.7: Evolução da produção mundial de cimento entre 1999 e 2013

Com uma distribuição de cores abaixo:

- Em azul: mundo ;
- Em vermelho: Estados Unidos ;
- Em crise: China.

I.2.4. Combustíveis

I.2.4.1. Introdução

O sector do cimento utiliza combustíveis, geralmente fósseis, para alimentar o forno e produzir eletricidade. Assim, os combustíveis fósseis são o produto de uma transformação muito lenta, ao longo do tempo geológico, de resíduos de organismos acumulados em certos sedimentos. Ricos em carbono e hidrogénio, a sua combustão produz calor a uma taxa de cerca de 16 kWh por kg para o gás natural, 12 para o petróleo e 4 a 8 para o carvão, consoante as qualidades. Deles são extraídos, por refinação e outros tratamentos, produtos que podem ser utilizados para fornecer calor doméstico ou industrial ou transformados em energia mecânica ou eléctrica em conversores, motores ou centrais eléctricas [34].

Os combustíveis fósseis fornecem atualmente um pouco mais de 80% da energia primária mundial.
A utilização de combustíveis fósseis é responsável por 82% das actuais emissões antropogénicas de CO2 (carvão 35%, petróleo 31%, gás 16%). É também responsável por muitos acidentes graves e pela poluição da água e do ar, que são motivo de preocupação para a saúde pública e os ecossistemas. Em particular, o carvão é de longe a fonte de energia mais perigosa utilizada pelo homem, com 1 a 2 milhões de mortes por ano em todo o mundo, cerca de metade das quais devidas à poluição atmosférica causada pelas centrais

eléctricas a carvão. Os resíduos sólidos resultantes da sua exploração e utilização ascendem a centenas de milhões de toneladas por ano [34].

I.2.4.2. Variantes de combustíveis fósseis

Os principais combustíveis fósseis são o carvão, o petróleo, o gás natural e as suas variedades. Existe também o chamado xisto betuminoso.

I.2.4.2.1. Carvões

Os carvões são sedimentos muito ricos em querogénio, 40% do seu peso seco e mais. O seu querogénio, particularmente rico em oxigénio, provém principalmente de detritos de plantas terrestres (árvores, plantas herbáceas) acumulados em ambientes sedimentares muito específicos, nomeadamente deltas de rios pantanosos situados em regiões com uma produtividade vegetal muito elevada [34].

São classificados com base em critérios físico-químicos, de acordo com as sucessivas fases de transformação, designadas por carbonificação, que atingiram durante a carbonização; a fase de turfa refere-se aos carvões que não foram enterrados ou que foram muito pouco enterrados. Os restos de plantas podem ainda ser reconhecidos a olho nu. Seguem-se as fases da lenhite, da hulha sub-betuminosa, da hulha betuminosa e depois da antracite, por ordem crescente de carbonização [34].

Após a extração, os carvões devem ser libertados, tanto quanto possível, dos detritos das rochas que os rodeiam (as paredes), que são extraídas ao mesmo tempo que eles. Esta operação é efectuada por trituração e lavagem. Utiliza uma grande quantidade de água e de produtos químicos. Apesar disso, o carvão comercial contém, em média, 15% do seu peso em cinzas, ou seja, minerais incombustíveis. A maior parte destas cinzas não provém das paredes, mas de minerais intimamente misturados com o querogénio [34].

I.2.4.2.2. Óleos e gases

O petróleo e o gás natural exploráveis são fluidos formados em rochas geradoras e geralmente acumulados em rochas reservatório de alta permeabilidade [34].

Os óleos contêm principalmente hidrocarbonetos líquidos, ou seja, moléculas compostas apenas por carbono e hidrogénio com um número de átomos de carbono superior a 4, mas também, em proporções muito variáveis, resinas e asfaltenos, compostos orgânicos de elevado peso molecular que contêm também enxofre, oxigénio e azoto, elementos que devem ser eliminados durante a refinação [34].

Os gases naturais contêm hidrocarbonetos que se encontram em estado gasoso à superfície, principalmente metano (CH_4), acompanhado em menor quantidade por hidrocarbonetos com 2 a 4 átomos de carbono, mas também em proporções variáveis de dióxido de carbono, azoto, sulfureto de hidrogénio, por vezes um pouco de árgon ou hélio, e mesmo vestígios de compostos de mercúrio ou arsénio [34].

I.2.4.2.2. Xistos betuminosos

Os xistos betuminosos são rochas pouco profundas, muito ricas em querogénio, exploráveis a céu aberto, que nunca foram levadas a profundidades suficientes para terem produzido naturalmente petróleo ou gás. São pirolisados em fornos a temperaturas de 500 a 800 °C, portanto muito mais elevadas do que as temperaturas prevalecentes nas bacias sedimentares, para produzir artificialmente óleo de xisto, uma substância semelhante ao petróleo de má qualidade, a partir do querogénio que contêm. Trata-se de um recurso potencialmente considerável, nomeadamente nos Estados Unidos (Green River Shales), mas os processos de exploração actuais não são económicos e são muito poluentes [34].

I.2.5. Impactos do sector do cimento

I.2.5.1. Emissões de GEE

As emissões de CO2 devidas à produção de cimento podem provir diretamente das reacções envolvidas nos processos de produção, das emissões dos combustíveis fósseis queimados no local de produção, bem como das emissões indirectas, por exemplo, as que seriam geradas para produzir a eletricidade para alimentar a fábrica de cimento [33]. Entre 60% e 65% das emissões de CO_2 são emissões do processo de calcinação do calcário, sendo o restante proveniente direta ou indiretamente da combustão de combustíveis fósseis.

Outros gases com efeito de estufa, como o metano (CH_4) e o óxido nitroso (N_2 O), podem ser emitidos durante a produção de cimento, mas a sua importância é pequena em comparação com a do CO2. Podem resultar de uma combustão incompleta, de emissões fugitivas ou de outras libertações de gases (por exemplo, metano contido no carvão) ou de reacções secundárias, particularmente com o azoto no ar [33].

I.2.6. Panorama geral da fábrica de cimento de Lukala (CILU)

A fábrica de cimento Lukala "Cilu S.A." é uma sociedade anónima inscrita no Registo de Crédito Comercial e de Bens Pessoais de Kinshasa sob o número CD/KIN/RCCM/14-B-4376 e na Identificação Nacional sob o número 01-C2301-A01035A, com sede em Kinshasa, Boulevard du 30 juin n°87, 1° andar do Edifício Cercle Hellénique, na comuna de Gombe. A fábrica de cimento Lukala foi criada em 1921 e conta atualmente com 100 anos de existência. Esta fábrica de cimento é contada entre as principais indústrias congolesas.

I.2.6.1. Diagrama de blocos simplificado da linha de produção da CILU

O diagrama de blocos simplificado da linha de produção da CILU é o seguinte

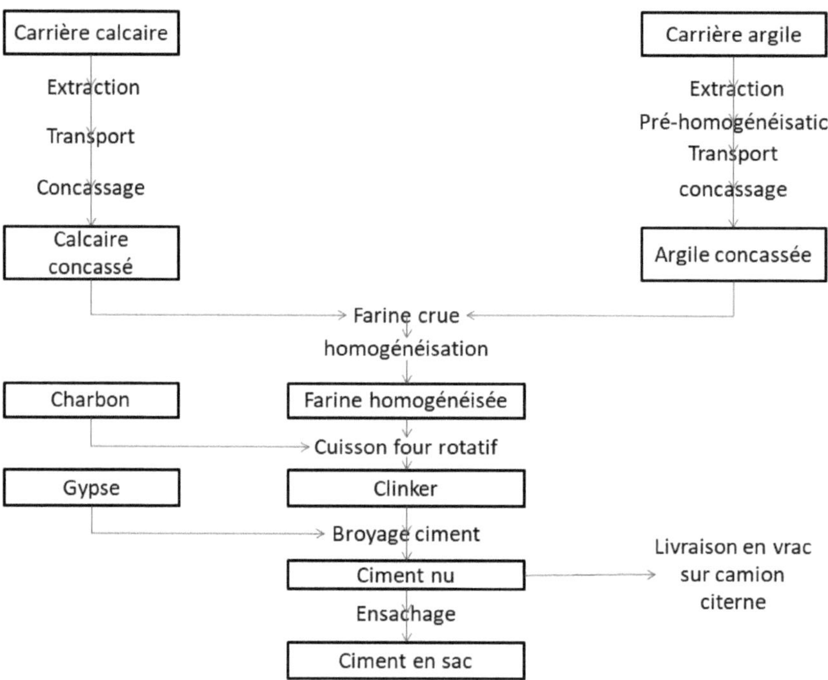

Figura 1.8: Esquema simplificado da linha de produção da CILU [16]

CAPÍTULO II: ANÁLISE DO CICLO DE VIDA DA FÁBRICA DE CIMENTO DE LUKALA: PARA UMA PRODUÇÃO MAIS SUSTENTÁVEL

II.1 Introdução

A indústria do cimento é um dos maiores consumidores de recursos naturais e um dos principais contribuintes para as emissões de gases com efeito de estufa. De acordo com estatísticas recentes, esta indústria é responsável por cerca de 8% das emissões globais de dióxido de carbono (CO_2) [1, 2]. Todos os anos, são produzidos mais de 4 mil milhões de toneladas de cimento em todo o mundo, e a queima de calcário para produzir clínquer gera uma quantidade significativa de CO_2 , agravando assim as alterações climáticas [1, 2, 6, 18]. Face a este desafio ambiental, é imperativo desenvolver métodos para reduzir o impacto ambiental desta indústria.

O objetivo deste estudo é explorar os impactos ambientais das emissões da fábrica de cimento de Lukala e responder à seguinte questão: as emissões da fábrica de cimento têm efeitos significativos no ambiente? Para o efeito, assumimos que a avaliação do ciclo de vida (LCA) da produção de cimento irá destacar as principais fontes de emissões e identificar oportunidades de melhoria.

A ACV é um método que avalia os impactos ambientais de um produto ao longo do seu ciclo de vida, desde a extração das matérias-primas até ao fim da vida do produto. Ao aplicar esta abordagem à fábrica de cimento da Lukala, podemos compreender melhor os impactos ambientais associados a cada fase de produção. O desafio é produzir cimento sustentável e economicamente competitivo, minimizando o seu impacto ambiental. Para o conseguir, é essencial otimizar a produção através da integração da ACV [2-5, 7, 8, 11, 15].

O objetivo deste trabalho é examinar estas questões utilizando o software OpenLCA, que quantifica os impactos ambientais em cada fase de produção [1-5, 7, 9, 14]. A ACV inclui várias etapas fundamentais:

- Inventário de fluxos: Recenseamento das entradas de materiais e energia, bem como das emissões e resíduos gerados;
- Avaliação do impacto: análise das emissões de gases com efeito de estufa e dos poluentes;
- Modelação: Utilização do OpenLCA para modelar fluxos e impactos, facilitando a tomada de decisões no sentido de práticas sustentáveis.

Esperamos que a aplicação da ACV à fábrica de cimento da Lukala identifique oportunidades significativas para reduzir as emissões de CO_2 e melhorar a sustentabilidade da produção, mantendo a rentabilidade da empresa.

II. 2 Materiais e métodos

II.2.1 Materiais utilizados

Os materiais utilizados para este trabalho incluem os dados do estudo, bem como o software OpenLCA ligado à base de dados gratuita ELCD 3.2 greendeltaV2.18, que foi utilizada para representar os resultados deste estudo. Com base no inventário de caudais previamente efectuado, reproduzimos esse inventário no software, seguindo-se a modelação [1-3,7].

De acordo com a norma ISO 14040, a avaliação do ciclo de vida é uma técnica para avaliar os aspectos ambientais e os potenciais impactes associados ao sistema de um produto [1-6,12].

II.2.1.1 Dados do estudo

A indústria do cimento causa muitos danos ambientais ao emitir mais CO_2 , principalmente a partir do processo químico de transformação do $CaCO_3$:

- A descarbonatação do calcário, que produz CO_2 ($CaCO_3 \rightarrow CaO+CO_2$), uma reação que produz em média 60% das emissões de CO_2 [2-6];
- A combustão de combustíveis fósseis pode atingir temperaturas de até 2000 °C. Representa mais de 20% das emissões de CO_2 [1-7];
- O fornecimento de eletricidade representa mais de 10% das emissões de CO_2 [1-6]. Os dados que vamos apresentar nesta secção são obtidos

a partir do trabalho que foi realizado na fábrica de cimento Lukala [1-4,9].

A quantidade máxima de informação suscetível de esclarecer e fornecer informações sobre o nosso sistema é recolhida nos dados relativos ao ano de 2019. Este último ano foi escolhido como o ano de referência para este trabalho. Para implementar corretamente a abordagem de entradas-saídas, foram assumidos os seguintes pressupostos:

- A produção de clínquer é efectuada 24 horas por dia, 7 dias por semana;
- Ao nível da extração e do transporte de matérias-primas, a quantidade de combustível consumida depende da dimensão dos dumpers, da sua carga, bem como do tipo de estradas que utilizam. Com base numa média de cerca de 30 ou 40 litros para uma distância de 100 km e com uma carga de 25 toneladas [1-5,11],
- Ao nível da estimativa dos GEE emitidos pelas poeiras dos fornos de cimento, assumimos um fator por defeito de $_{FEPFC} = 0{,}04\ T\ /T_{CO2kk}$ de forma a estimar as emissões das fontes de poeiras libertadas considerando que não existem dados disponíveis [1-5];
- A abordagem utilizada no presente estudo é do berço ao portão, referindo-se às emissões desde a extração das matérias-primas até ao produto acabado à saída da fábrica [1-7].

Apresenta-se aqui o balanço qualitativo e quantitativo dos diferentes fluxos de entrada, nomeadamente matérias-primas (calcário e argila), combustíveis e energia (maioritariamente fóssil), no circuito de produção do cimento. Neste trabalho, o calcário e a argila são considerados as matérias-primas de base que entram na composição do cimento Portland, conforme ilustrado nos Quadros 1 e 2. Tabela 1: Taxa de consumo de matérias-primas

Matérias-primas	Caudal [toneladas/hora]	Caudal [toneladas/ano]	Taxa/clinker [%]
Calcário	350 [15]	3066000	76-80 [18]
Argila	28,19 [15]	246944,4	16-17 [18]
Massa de carvão	9,5 [15]	83220	-
PCI	5900 Kcal/kg [15]	-	-

Note-se que o PCI indica o poder calorífico inferior.

Quadro 2: Composição das matérias-primas [16,17]

Matérias-primas (composição)	
$CaCO_3$	76%
$MgCO_3$	1,6%
AL2O3	3,4%
H O $_2$	0,6%
SiO3	12,8%
Fe2O3	1,8%
SO3	0,76%
Na2SO4	0,76%
Fe S $_2$	0,76%
$CaSO_4$	0,76%
K2SO4	0,76%

No que diz respeito à energia, este estudo apenas considerou os combustíveis fósseis necessários para as fases de extração, transporte e fabrico do produto, como se pode ver em

Tabela 3. Tabela 3: Taxas de energia necessárias para as três fases

Combustíveis fósseis				
Extração (pedreira)		Transporte (pedreira-fábrica)		Fabrico (fábrica)
Calcário	Argila	Calcário (d=950m)[16]	Argila (d=400m) [16]	Clínquer
560 litros/dia	45.104 litros/dia	0,38 litros	0,16 litros	9,5 toneladas/hora [15]

O balanço qualitativo e quantitativo dos fluxos de saída, emissões e impactos potenciais do processo de produção de cimento Portland é calculado desde a extração, passando pela fase de transporte, até ao fabrico de produtos acabados e semi-acabados, conforme ilustrado no Quadro 4.

Tabela 4: Taxas de produção diária e anual de farinha crua, clínquer e cimento da CILU [15]

Farinha crua	Clinker (semi-acabado) produto)	Produção de cimento (produto acabado)
2880 toneladas/dia	1815.264 toneladas/dias	2880 toneladas/dia
1051200 toneladas/ano	662571,36 toneladas/ano	1051200 toneladas/ano

Nas fábricas de cimento, observamos uma poluição atmosférica considerável devido às emissões de poeiras em quase todos os níveis da linha de produção:

- Na pedreira, as poeiras provêm da extração, carregamento e descarga no triturador, bem como durante o transporte por correia transportadora para o armazém [1-7,18];
- Na oficina de moagem de matérias-primas, ocorre frequentemente nas correias transportadoras, no secador do triturador, no moinho de bolas e durante a descarga nos silos de homogeneização 1-7,18];
- Na oficina de cozedura, a operação de clinkerização é acompanhada de emissões de poeiras e de gases de combustão [1-7,18];
- Na oficina de cimento, isto ocorre durante o despejo no silo e durante o ensacamento (ensacamento).

No que respeita à poluição do ar por emissões de poeiras, devem ser mencionadas as emissões durante o enchimento dos sacos e o carregamento dos camiões com cimento a granel ou ensacado.

II.3 Métodos

Métodos utilizados para avaliar os impactos ambientais da produção de cimento na fábrica de cimento de Lukala. Utilizaremos abordagens matemáticas e gráficas.

No caso da Fábrica de Cimento de Lukala, usámos o software OpenLCA para realizar a ACV da seguinte forma:

- Recolha de dados: Utilizar os dados de produção de 2019 para estabelecer um inventário dos fluxos de materiais e de energia;

- Modelação: Criação de um modelo em OpenLCA para representar os processos de produção, desde a extração da matéria-prima até à produção de cimento;
- Análise de impacto: aplicação de métodos de avaliação de impacto para quantificar os impactos ambientais, incluindo as emissões de CO_2 e outros poluentes;
- Recomendações: Identificar oportunidades de melhoria, tais como a integração de materiais reciclados e a otimização dos processos de combustão e de clinkerização.

Esta metodologia de ACV fornece uma visão abrangente dos impactos ambientais da Fábrica de Cimento de Lukala e contribui para práticas de produção mais sustentáveis [2-5,7].

II.3.1 Modelação matemática

A modelação matemática permite-nos quantificar as emissões de gases com efeito de estufa geradas durante a produção de cimento. Os passos necessários para o nosso estudo são os seguintes:

- Inventário de Produção: Recenseamento dos materiais e energias utilizados no processo de produção e identificação dos inputs e outputs de cada fase de produção;
- Cálculo das emissões: Emissões de gases com efeito de estufa (GEE) [1-10]: Para a extração de matérias-primas, utilizamos a seguinte fórmula:

$$E_E = \sum_{i=1}^{n} Q_{CCi} \times FE_{CCi} \qquad (1)$$

Onde :

- E_E : Emissões da extração (toneladas/dia);
- Q_{CCi}: Quantidade de combustível consumido (litros) ;
- FE_{CCi}: Fator de emissão de combustível (kg CO_2/litro);

- Transporte de materiais: As emissões devidas ao transporte de materiais são calculadas multiplicando a distância percorrida pela mesma fórmula [1-6]:

$$E_T = d \times \sum_{i=1}^{n} Q_{cci} \times FE_{cci} \qquad (2)$$

Onde d é a distância entre a pedreira e a oficina (km);

- Produção de clínquer: As emissões de CO_2 associadas à descarbonatação do calcário são calculadas do seguinte modo [2,5,7,12,13]:

$$_{CO2} = EFE_{kk} \times Q_{kk} \; (3)$$

Onde :

- $_{kk}$: □□Fator de emissão para o clínquer (toneladas de CO_2/toneladas de clínquer); □ Q_{kk} : Quantidade de clínquer produzido (toneladas);

- Emissões de combustão: O consumo de energia é calculado para estimar as emissões de CO_2 durante a clinkerização [2-6,18]:

$$_E = CC_f \times □□□ \; (4)$$

Onde :

- $_E$:□ Consumo de energia (GJ);
- $_f$ □: Consumo de combustível (toneladas);
- PCI: Poder calorífico inferior do combustível (GJ/t).
- Emissões de poeiras: As emissões devidas às poeiras geradas durante o processo são calculadas do seguinte modo [1-8] :

$$EmissionPFC = {}_{FEPFC} \times {}_{QPFC} (5)$$

Onde :

- $Emissio$□□□□: Emissões de dióxido de carbono (CO_2) das poeiras produzidas pelo forno de cimento (Toneladas de CO_2) ;

- □□□□□: Fator de emissão para poeiras de forno de cimento, que indica a quantidade de CO_2 emitida por tonelada de poeiras (toneladas CO_2/tonelada PFC);
- $QPFC$: Quantidade de poeira de forno de cimento produzida durante o processo de fabrico (Toneladas de poeira).

II.3.2 Modelação gráfica

A modelação gráfica no OpenLCA permite-nos ilustrar visualmente os fluxos de material e energia ao longo do processo de produção [1-10,14]. Funciona através da seguinte configuração e pressupostos:

- Configuração do software Ao criar a base de dados após a instalação do OpenLCA, o primeiro passo é criar uma nova base de dados localizada, denominada "CILU" neste caso. Isto facilita a partilha e a transferência de dados;
- Bases de dados utilizadas: base de dados de inventário em que há a importação de conjuntos de dados de inventário de ciclo de vida, contendo fluxos de entrada e saída de vários sistemas de produtos, incluindo materiais, energia e emissões;
- Modelação de sistemas: criação de sistemas de produtos no OpenLCA, que podem conter um ou mais processos. Os impactos podem ser calculados para estes sistemas;
- Métodos de avaliação do impacto: LCIA, os métodos de avaliação de impacto relacionam os processos de produção com os potenciais impactos ambientais, quantificando as consequências das emissões;
- Parâmetros específicos analisados: projectos, utilizando projectos para comparar os impactos de diferentes sistemas de produtos;
- Processos: Inclui processos de unidades e sistemas, transformando entradas em saídas;
- Fluxos: Identificação dos fluxos elementares, de produtos e de perdas, definidos pelas propriedades dos fluxos de referência;
- Pressupostos gerais: Produção contínua Temos produção de clínquer, que é feita 24 horas por dia, 7 dias por semana;

- Extração e transporte Pressupostos: consumo de combustível, em que a quantidade de combustível consumida depende do tamanho dos dumpers, da sua carga e dos tipos de estradas utilizadas;
- Pressupostos de emissões: Emissões de poeiras: Utilização de um fator por defeito para estimar as emissões de CO2 das poeiras dos fornos de cimento;
- Pressupostos de duração do estudo: Ano de referência: Os dados de 2019 são utilizados como ano de referência para a análise;
- Pressupostos da abordagem de avaliação: Abordagem Cradle-to-Gate para analisar as emissões desde a extração da matéria-prima até ao produto acabado.

II.4 Resultados e discussão

Os resultados indicam que a fábrica de cimento de Lukala contribui significativamente para as emissões de CO_2, particularmente durante a extração e o fabrico. As análises mostram que as alterações no processo de produção poderiam reduzir estas emissões. Inclui-se também uma discussão sobre as implicações destes resultados para a indústria, bem como recomendações para melhorias sustentáveis.

II.4.1 Modelação matemática

O cálculo dos gases com efeito de estufa emitidos pela extração é efectuado separadamente para as duas pedreiras, de calcário e de argila, e o resultado é apresentado no Quadro 5, como se segue:

Quadro 5: CO_2 emitido pela extração de matérias-primas

Carreira	Emissão de CO_2 [tonelada de CO] 2
Calcário	1,50136
Argila	0,12092382
Total	1,622283824

O cálculo dos gases com efeito de estufa emitidos pelo transporte é efectuado separadamente para as duas pedreiras, multiplicando pela distância entre cada pedreira e a instalação de trituração. O resultado é apresentado no quadro 6 da seguinte forma:

Quadro 6: CO_2 emitidas pelo transporte de matérias-primas

Carreira	Emissão de CO_2 [tonelada de CO] 2
Calcário na oficina de trituração	0,967841
Argila na oficina de trituração	0,171584
Total	1,139425

Considerando a massa total de calcário na massa de farinha crua, obtemos o resultado na Tabela 7 abaixo:

Tabela 7: CO_2 emitido pela descarbonatação do teor total de calcário

Título completo	Fator de emissão[tonelad CO_2 /tonelada] kk a	Emissão de CO_2 [tonelada de CO] 2
$CaMg_2$ (CO) 3	0,47826087	1068,424187

Como a fábrica de cimento de Lukala usa carvão como combustível para uma massa total de 228 toneladas, obtemos o resultado na Tabela 8 abaixo:

Tabela 8: CO_2 emitido pela combustão da cementização

Combustível	Emissão de CO_2 [tonelada de CO] 2
Carvão	518,35184277184

Relativamente à emissão de gases com efeito de estufa a partir de poeiras de fornos de cimento, o resultado abaixo foi obtido com base em alguns pressupostos do Quadro 9.

Quadro 9: CO_2 emitido por poeiras de forno de cimento (PFC)

Fator de emissão FE_{PFC} [T_{co2} /T] kk	Emissão de CO_2 [tonelada de CO] 2
0,04	24,52

Ao agrupar estes resultados no mesmo quadro 10, estimamos as emissões de CO_2 numa base anual.

Tabela 10: Emissões de CO_2 durante o ano de 2019 de todas as fases do processo de produção de cimento

Processo	Emissões CO_2 [tonelada/ano]	Percentagem do total
Extração de matérias-primas	592,13	0,10%
Transporte de matérias-primas	415,89	0,07%
Descarbonatação de calcário	389974,82	67,3%
Combustão para a clinkerização	189198,42	32,6¨%
Pó de forno de cimento	8949,8	1,54%

Com um total de emissões de 579.130,06 toneladas métricas de CO_2 por ano, a empresa excede largamente a Diretiva 2003/87/CE, que estabelece um limite de 25.000 toneladas métricas de CO_2 por ano [1-6,20,21]. É necessário um plano de ação, especialmente orientado para os processos com as emissões mais elevadas: descarbonatação e clinkerização.

O processo de descarbonatação consiste na transformação do calcário em cal (CaO) e dióxido de carbono (CO_2). Este processo emite uma grande quantidade de CO_2 devido à grande quantidade de calcário envolvida na reação.

Para conseguir esta transformação do calcário em dióxido de carbono, é necessário gerar uma combustão no forno, o que requer uma grande quantidade de combustível. É por isso que este processo emite uma quantidade significativa de CO_2.

O inventário de materiais e energia à entrada, com o objetivo de identificar a quantidade de CO_2 emitida à saída de cada processo, encontra-se resumido na tabela 11 seguinte:

Quadro 11: Resumo do inventário da fábrica de cimento de Lukala

ENTRADA	SAÍDA
EXTRACÇÃO	
Energia: 14522,496 litros Matéria: 9076,56 toneladas	1,6223 toneladas de CO_2
TRANSPORTE	

Energia : 12,96 litros Matéria: 9076,56 toneladas	1,1394 toneladas de CO_2
DECARBONAÇÃO	
2234 toneladas	1068,42 toneladas de CO_2
COMBUSTÃO	
228 toneladas	518,35 toneladas de CO_2

Este inventário é estabelecido com base nos factores de produção (fluxos de materiais e de energia) necessários para produzir farinha, clínquer e cimento. As quantidades de substâncias emitidas são então calculadas utilizando factores que quantificam estas emissões por unidade de entrada. Os estudos sobre as emissões de gases com efeito de estufa nas fábricas de cimento mostram que a descarbonatação contribui, em média, para 60% das emissões de gases com efeito de estufa [1-10]. Assim, como mostra a Tabela 12 acima, o processo de descarbonatação representa 67,21% das emissões de gases de efeito estufa da fábrica de cimento Lukala.

A Figura 1 ilustra as diferentes fases do processo de produção de cimento na fábrica de cimento de Lukala. Fornece uma visão clara das principais etapas, entradas e saídas, bem como das perdas em cada nível do processo.

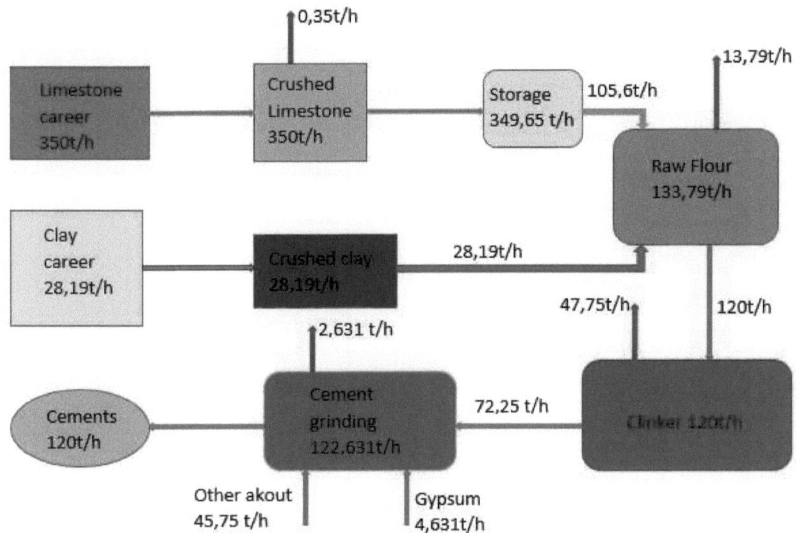

Figura 2.1: Avaliação do Ciclo de Vida da Fábrica de Cimento de Lukala

Esta figura ilustra todo o processo de produção de cimento na Fábrica de Cimento de Lukala, detalhando as quantidades de materiais em cada fase, bem como as perdas associadas. Ajuda a identificar potenciais áreas de melhoria, que são essenciais para otimizar a produção e reduzir o impacto ambiental, em linha com os objectivos de desenvolvimento sustentável.

II.4.2 Modelação gráfica

O software OpenLCA oferece a possibilidade de exportar os resultados encontrados em Excel a partir do software. O inventário de materiais e energias à entrada, de forma a identificar a quantidade de categoria dos impactes da contribuição do processo de fabrico do cimento na tabela 12 seguinte:

Quadro 12: Contribuição para os impactos ambientais do processo de fabrico do cimento CILU

N°	Categoria de impacto	Unidade/UF	Carbonato de cálcio	Hulha	Recipiente de vidro
1	Ecotoxicidade terrestre	6,63678E4 kg 1,4-DCB	86 %	10 %	4 %
2	Consumo de água	-492.22240 m³	-88 %	------------	2 %
3	Acidificação dos solos	324,52136 kg SO_2 eq	66 %	18 %	6 %
4	Camada de ozono esgotamento	0,03152 kg CFC 11 eq	57 %	40 %	2 %
5	Formação de ozono, terrestre ecossistemas	404,15626 kg NO_x eq	39 %	69 %	2 %
6	Formação de ozono , saúde humana	398,02712 kg NO_x eq	39 %	69 %	2 %
7 8	Escassez de recursos minerais	2,69296 kg Cu eq	56 %	12 %	22 %
9	Eutrofização marinha	0,45894 kg N eq	36 %	38 %	16 %
10	Ecotoxicidade marinha	78,59942 kg 1,4-DCB	68 %	38 %	4 %
11	Utilização final	0,000000 m² a cultura eq			
12	Radiação ionizante	682,18236 kg Bq CO-60 eq	38 %	38 %	22 %
13	Toxicidade não carcinogénica	4184,35184 kg 1,4-DCB	70 %	15 %	15 %
14	Toxicidade carcinogénica	30,81008 kg 1,4-DCB	73 %	17 %	10 %
15	Aquecimento global	1,81982E5 kg CO_2 eq	50 %	42 %	8 %
16	Eutrofização da água doce	0,03960 kg P eq	20 %	18 %	62 %
17	Ecotoxicidade em água doce	20,25981 kg 1,4-DCB	66 %	32 %	2 %

18	Escassez de combustíveis fósseis	1.71550E5 kg óleo eq	19 %	80 %	1 %
19	Formação de partículas finas	101,386 kg PM2,5 eq	16 %	77 %	7 %

Depois de exportar os resultados para o Excel, representamos os resultados na Figura 2 abaixo.

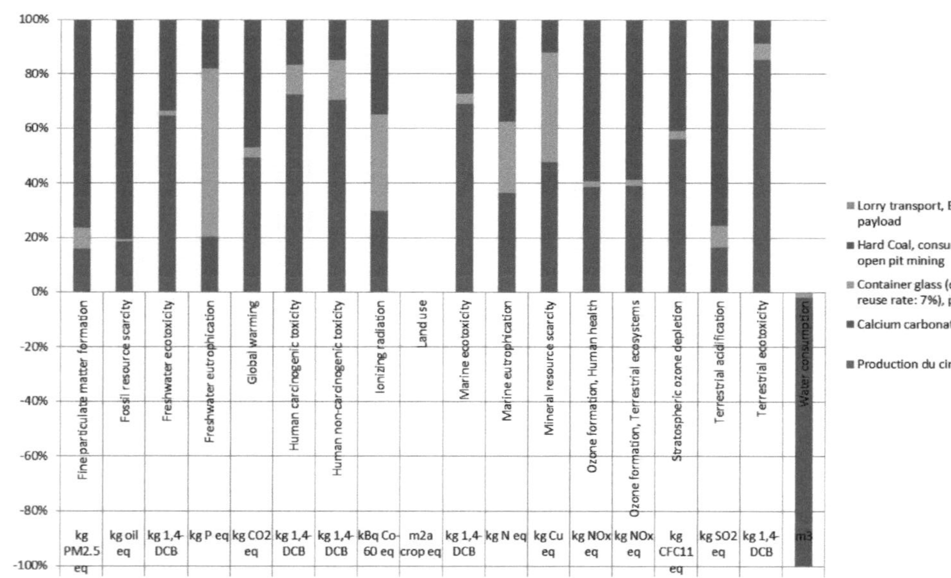

Figura 2.2: Diagrama de contribuição do processo de fabrico de cimento CILU em Excel Neste diagrama de contribuição, temos :

- Na abcissa: todas as categorias de impacto calculadas pelo método ReCiPe;

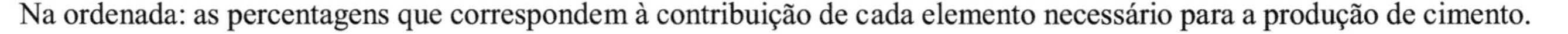

- Na ordenada: as percentagens que correspondem à contribuição de cada elemento necessário para a produção de cimento.

II.5 Discussão

Os resultados supramencionados estão em conformidade com os requisitos de avaliação referidos por vários investigadores: De acordo com o estudo de [2], a avaliação do ciclo de vida (ACV) no México evoluiu consideravelmente desde os anos 2000, passando de um foco na gestão de resíduos para uma aplicação em sistemas de energia, pegadas de carbono e água e construção. Empresas como a CEMEX e a PEMEX integraram a ACV para otimizar os seus processos e reduzir o seu impacto ambiental. No entanto, o desenvolvimento da ACV é dificultado pela falta de colaboração entre as partes interessadas e pela ausência de uma base de dados nacional. É necessária uma melhor formação dos profissionais para garantir a qualidade dos estudos e promover uma abordagem de colaboração entre o governo, a indústria e o meio académico.

O estudo de [3] mostra que a avaliação do ciclo de vida (ACV) está a emergir como uma ferramenta fundamental para avaliar os impactos ambientais dos produtos ao longo do seu ciclo de vida. As práticas actuais destacam métodos de avaliação diversificados ancorados em categorias de impacto claramente definidas, como as alterações climáticas e a ecotoxicidade. No entanto, persistem desafios, nomeadamente a incerteza dos dados e a necessidade de adaptar os métodos aos contextos locais. Para aumentar a eficácia das ACV, é fundamental melhorar a normalização dos métodos e criar bases de dados fiáveis. Estes esforços aumentarão a comparabilidade dos estudos e apoiarão a tomada de decisões informadas em matéria de sustentabilidade.

O estudo [4] salienta que a avaliação do ciclo de vida (ACV) é uma ferramenta essencial para avaliar os impactos ambientais de produtos e serviços, desde a extração de recursos até à sua eliminação. Identifica várias categorias de impacto significativas: alterações climáticas, ecotoxicidade, acidificação e eutrofização, que estruturam a avaliação e destacam etapas críticas. As ferramentas de avaliação, como o CML e o ReCiPe, oferecem abordagens integradoras para uma análise abrangente. As normas ISO 14040 e 14044 garantem o rigor e a comparabilidade dos estudos. Apesar disso, subsistem desafios, incluindo a incerteza dos dados e a necessidade de adaptar os métodos. Para melhorar a fiabilidade, é essencial normalizar os métodos e criar bases de dados acessíveis.

O estudo [5] sobre a análise ambiental de uma fábrica de cimento argelina realça a importância de reduzir os impactos ambientais num contexto industrial competitivo. Ao combinar a Análise do Ciclo de Vida (ACV) e a Análise dos Modos de Falha, Efeitos e Criticidade Ambiental (FMECA-E), a abordagem integrada permite identificar e quantificar os principais impactes, como as emissões de poeiras e o consumo de recursos. Esta metodologia ajuda a priorizar as acções necessárias e a orientar as decisões dos gestores para melhorar a sustentabilidade. As recomendações incluem a adoção de um sistema de gestão ambiental em conformidade com as normas ISO 14000 e a formação do pessoal sobre as melhores práticas, essenciais para a gestão sustentável das actividades da fábrica de cimento.

De acordo com [6], um estudo sobre o crescimento dramático das emissões de CO_2 na indústria cimenteira global, extraído de novas instalações em países emergentes, utilizou a Base de Dados Global de Emissões de Cimento (GCED) e a Base de Dados de Emissões de Cimento da China (CCED), bem como a análise Monta Carla. Os resultados mostram que:

- Aumento das emissões: As emissões de CO_2 da indústria cimenteira aumentaram de 0,86 Gt em 1990 para 2,46 Gt em 2019, um aumento de 186%;
- Disparidades regionais: Os países emergentes, particularmente na Ásia, Médio Oriente e África, registaram o maior crescimento das emissões, com a região do Médio Oriente e África a aumentar 4,5% por ano entre 1990 e 2019.
- Caraterísticas das infra-estruturas: Grande parte das instalações de produção de cimento nestas regiões são recentes, com cerca de 50% da capacidade de produção de clínquer em funcionamento a ter menos de 10 anos;
- Compromisso de emissões futuras: Os países emergentes foram responsáveis por 90,1% do compromisso global de CO_2 em 2019, colocando desafios significativos para a futura descarbonização;

- Tecnologias e eficiência energética: O estudo salienta a necessidade de adotar tecnologias com baixo teor de carbono, como a captura e armazenamento de carbono, para atenuar as emissões futuras;
- Impacto nas políticas: Os resultados sugerem que é necessário implementar políticas de redução de emissões nos países emergentes, dado o seu papel crescente nas emissões globais de CO2 relacionadas com o cimento.

Por último, de acordo com [19], um estudo sobre a sustentabilidade ambiental na indústria do cimento apresenta uma abordagem integrada para a produção de cimento ecológico e rentável, com vários resultados importantes no que respeita à redução das emissões de CO_2 na indústria do cimento na China:

- Inventário de emissões: O estudo fornece um inventário atualizado das emissões de CO_2 para a indústria do cimento na China, com uma repartição das emissões por fonte (combustíveis fósseis, processos, eletricidade);
- Modelo G-LEAP: O modelo G-LEAP foi desenvolvido para projetar as futuras emissões de CO_2, integrando a procura de cimento e a aplicação de tecnologia;
- Potencial de redução de emissões: As emissões de CO_2 poderiam ser reduzidas em 63-73% até 2060 através da aplicação de tecnologias de redução. As medidas a curto prazo baseiam-se principalmente em melhorias da eficiência energética e na utilização de combustíveis alternativos, contribuindo para 9-12% e 17-22% das reduções cumulativas, respetivamente;
- Tecnologias específicas: Os cimentos alternativos poderão reduzir as emissões em 30-39% e prevê-se que a captura e armazenamento de carbono (CAC) seja implantada até 2030, contribuindo para cerca de 28-44% das reduções cumulativas;
- Emissões residuais: Apesar das medidas tomadas, cerca de 300-400 milhões de toneladas métricas de CO_2 ficarão por neutralizar até 2060, exigindo mais inovações tecnológicas;

- Cenários de produção: As projecções indicam que o consumo de cimento per capita atingirá um patamar antes de 2030, seguido de um declínio, levando a uma diminuição da produção total de cimento de cerca de 35% até 2060.

O modelo indica que a fábrica liberta quantidades excessivas de gases com efeito de estufa, com a produção em 2019 a exceder largamente os limiares regulamentares [1-6,20,21]: 579.130 toneladas de CO equivalente emitidas por ano pela fábrica de cimento Lukala. Os processos de descarbonatação (67% dos impactos) e de clinkerização (33% dos impactos) são particularmente emissores. A descarbonatação liberta o CO_2 contido no calcário utilizado em grandes quantidades.

As áreas a melhorar incluem a utilização de calcário menos puro ou de substitutos parciais, bem como a integração de materiais reciclados na formulação do cimento. Além disso, a clinkerização efectuada com carvão emite uma grande quantidade de CO2; uma mudança para o gás ou para as energias renováveis poderia reduzir significativamente este impacto.

A instalação de filtros de dessulfurização também é recomendada para limitar as emissões de SO_2. A avaliação do ciclo de vida (LCA) identificou as etapas de produção mais poluentes no processo de fabrico de cimento na fábrica de cimento de Lukala. Como se mostra na Figura 1, a pedreira extrai 350 t/h de calcário, resultando numa perda de 0,35 t/h durante a extração das matérias-primas.

Esta perda pode conduzir a impactos ambientais significativos, incluindo a degradação do solo e a poluição das águas superficiais. A pedreira de argila, por seu lado, fornece 28,19 t/h de argila sem perdas registadas. Após a extração, o calcário é britado, o que produz 349,65 t/h de calcário para armazenamento. Ao mesmo tempo, a argila é também triturada e integrada diretamente no processo, com uma entrada de 28,19 t/h. A combinação destas matérias-primas produz 133,79 t/h de farinha crua, resultando numa perda de 13,79 t/h, o que pode levar a um desperdício de recursos e a um aumento da pegada de carbono.

Uma solução de conceção ecológica consistiria em otimizar o processo de moagem para minimizar estas perdas. Nesta fase, 122,631 t/h de materiais são moídos para gerar cimento, integrando outras adições, tais como 45,75 t/h de outros materiais e 4,631 t/h de gesso. Isto resulta numa perda de 2,631 t/h durante a moagem do cimento, que pode gerar poeiras e emissões de CO_2, com impacto na qualidade do ar. A implementação de sistemas de recolha de poeiras e a otimização dos processos de moagem poderiam reduzir estas perdas.

Finalmente, o processo resulta na produção de 120 t/h de clínquer, que é o produto chave no fabrico de cimento, gerando uma perda de 47,75 t/h. Esta etapa é particularmente poluente devido às emissões de gases com efeito de estufa geradas pela combustão de combustíveis fósseis e pela descarbonatação do calcário. A conceção ecológica poderia também incluir a utilização de clínquer alternativo, menos intensivo em carbono, ou a adição de cimento à base de materiais reciclados.

Com base na distribuição de cores na Figura 2, podemos deduzir os impactos ambientais significativos dos diferentes elementos químicos na fábrica da CILU:

- Formação de partículas finas: Impacto: 101.386 kg equivalente PM2.5, principal contribuinte: Hulha (77%) e consequências: A formação de partículas finas pode levar a problemas respiratórios e ter impactos adversos na saúde humana e animal;
- Escassez de recursos fósseis: Impacto: 171 550 kg equivalente petróleo, principal contribuinte: Carvão mineral (80%) e consequências: O esgotamento dos recursos fósseis compromete a sustentabilidade do aprovisionamento energético para as gerações futuras;
- Ecotoxicidade em água doce: Impacto: 20,25981 kg equivalente a 1,4-DCB, contribuintes: carbonato de cálcio (66%), hulha (32%), e consequências: Esta toxicidade pode prejudicar a fauna aquática e a qualidade da água potável..;
- Eutrofização da água doce: Impacto: 0,03960 kg equivalente de P, contribuintes: carbonato de cálcio (20%), vidro do recipiente (62%),

e consequências: A eutrofização pode causar a proliferação de algas, reduzindo a qualidade da água e ameaçando a vida aquática..;

- Aquecimento global: Impacto: 181,982 kg de CO2 equivalente, contribuintes: carbonato de cálcio (50%), hulha (42%), e consequências: Estas emissões contribuem para as alterações climáticas, com impactos nos ecossistemas e nas sociedades;

Toxicidade carcinogénica: impacto: 30,81008 kg equivalente 1,4-DCB, principal contribuinte: carbonato de cálcio (73%) e consequências: Esta toxicidade aumenta o risco de cancro no homem e nos animais expostos..;

- Toxicidade não carcinogénica: Impacto: 4184,35184 kg equivalente de 1,4-DCB, principal contribuinte: carbonato de cálcio (70%) e consequências: Esta forma de toxicidade pode também afetar a saúde dos ecossistemas e das populações humanas..;
- Radiação ionizante: Impacto: 682,18236 kg equivalente Bq CO-60, contribuições equilibradas:

carbonato de cálcio, hulha e vidro de embalagem, e consequências: A exposição às radiações ionizantes pode aumentar os riscos de doenças e mutações genéticas..;

- Ecotoxicidade marinha: Impacto: 78,59942 kg equivalente de 1,4-DCB, principal contribuinte: carbonato de cálcio (68%) e consequências: Esta toxicidade tem um impacto importante nos ecossistemas marinhos, ameaçando a biodiversidade;
- Eutrofização marinha: Impacto: 0,45894 kg N equivalente, contribuintes: carbonato de cálcio (36%), hulha (38%), e consequências: Pode causar zonas mortas nos oceanos, ameaçando a vida marinha;
- Escassez de recursos minerais: Impacto: 2,69296 kg equivalente Cu, principal contribuinte: carbonato de cálcio (56%), e consequências: Impacta a disponibilidade de recursos minerais para as gerações futuras;
- Formação de ozono (saúde humana): Impacto: 398,02712 kg NO_x equivalente, principal contribuinte: Hulha (69%) e consequências: Afecta a saúde humana, causando problemas respiratórios;

- Formação de ozono (ecossistemas terrestres): Impacto: 404,15626 kg NO_x equivalente, principal contribuinte: Carvão mineral (69%) e consequências: Impacta a saúde das plantas e dos ecossistemas terrestres;
- Destruição da camada de ozono: Impacto: 0,03152 kg de equivalente CFC 11, principal contribuinte: Carbonato de cálcio (57%) e consequências: A destruição do ozono aumenta a exposição à radiação UV;
- Acidificação do solo: Impacto: 324,52136 kg SO_2 equivalente, principal contribuinte: Hulha (66%) e consequências: A acidificação afecta a fertilidade do solo e a biodiversidade;
- Ecotoxicidade terrestre: Impacto: 66,63678 kg equivalente a 1,4-DCB, principal contribuinte: carbonato de cálcio (86%) e consequências: Afecta a saúde das espécies terrestres e a biodiversidade;
- Consumo de água: Impacto: -492,22240 m^3, sendo o principal contribuinte a hulha (-88%) e consequências: O consumo excessivo de água pode levar à escassez e afetar os ecossistemas aquáticos.

A Avaliação do Ciclo de Vida (LCA) efectuada na fábrica de Lukala tem algumas limitações:

- Modelação simplificada: Os modelos matemáticos e gráficos utilizados no OpenLCA podem simplificar processos complexos, o que pode levar a uma subestimação de alguns impactos ambientais;
- Dados de base: Os dados utilizados para as comparações podem não ser totalmente representativos das condições locais, o que limita a exatidão dos resultados;
- Interpretação dos resultados: A interpretação dos resultados pode variar consoante os pressupostos da modelação, o que pode influenciar as conclusões retiradas sobre a sustentabilidade da instalação;
- Considerações regionais: Os resultados baseiam-se num caso específico (Lukala) sem ter em conta as variações que podem existir noutras plantas, tornando as recomendações menos generalizáveis;

- Falta de análise de cenários futuros: O estudo não tem suficientemente em conta a evolução potencial das tecnologias e da regulamentação susceptíveis de influenciar o desempenho ambiental a longo prazo.

Para melhorar os trabalhos futuros sobre ACV e avaliação ambiental na indústria cimenteira, apresentam-se algumas recomendações:

- Aprofundar a modelação: Utilizar modelos mais detalhados que tenham em conta as interações complexas entre as diferentes fases do processo de produção, a fim de obter uma avaliação mais precisa dos impactos;
- Expansão dos dados de base: Integrar dados de várias instalações semelhantes para uma melhor representatividade e comparações mais relevantes;
- Cenários alternativos: Desenvolver cenários futuros baseados na evolução tecnológica e nas políticas ambientais para antecipar os impactos das inovações nas emissões;
- Análise multi-critério: Incorporar métodos de análise multicritério para avaliar não só os impactos ambientais, mas também os aspectos económicos e sociais da indústria cimenteira;
- Colaboração com outras instalações: Estabelecer parcerias com outras instalações para partilhar dados e melhores práticas, o que poderá enriquecer a análise e as recomendações;
- Sensibilização para a sustentabilidade: Promover iniciativas de sensibilização para formar o pessoal em práticas sustentáveis e na gestão do impacto ambiental;
- Monitorização contínua: Estabelecer um sistema de controlo regular do desempenho ambiental para avaliar a eficácia das medidas aplicadas e ajustar as estratégias em conformidade.

Ao implementar estas recomendações, os estudos futuros poderão fornecer resultados mais sólidos e soluções mais eficazes para reduzir a pegada ambiental da indústria cimenteira.

CONCLUSÃO

A conclusão do livro "Avaliação do Ciclo de Vida do Cimento Lukala: Towards More Sustainable Production" destaca a importância crucial da avaliação do ciclo de vida (LCA) no sector do cimento. Ao analisar cada etapa, desde a extração de matérias-primas até à gestão de resíduos, a ACV ajuda a identificar oportunidades de melhoria significativas para reduzir o impacto ambiental. O livro salienta a necessidade de dados fiáveis e actualizados para garantir resultados relevantes, comparando a ACV com a Avaliação do Impacto Ambiental (AIA), demonstrando a sua complementaridade. A transformação da indústria cimenteira no sentido de práticas mais sustentáveis é essencial não só para abordar as questões ambientais actuais, mas também para antecipar os desafios futuros. Através da integração de metodologias inovadoras e da promoção de um diálogo construtivo entre as partes interessadas do sector, é possível reduzir a pegada ecológica do cimento. Ao fazê-lo, a indústria pode evoluir para um modelo de sustentabilidade essencial para a saúde do nosso planeta e o bem-estar das gerações futuras. O trabalho apela, portanto, a uma ação concertada para a adoção de práticas que combinem desempenho económico e responsabilidade ambiental.

RÉFÉRENCES

[1]. A., de Bortoli, M., Agez. As análises de input-output alargadas ao ambiente esboçam eficazmente planos de transição ambiental em grande escala: Ilustração do sector rodoviário do Canadá. Journal of Cleaner Production, 2023, 388, 136039. https://doi.org/10.1016/j.jclepro.2023.136039

[2]. L.P., Güereca, R.O., Sosa, H.E., Gilbert, N.S., Reynaga. Avaliação do ciclo de vida no México: visão geral do desenvolvimento e implementação. The International Journal of Life Cycle Assessment, 2015, 1-7. https://doi.org/10.1007/s11367-014-0844-9

[3]. D.W., Pennington, J., Potting, G., Finnveden, E., Lindeijer, O., Jolliet, T., Rydberg, G., Rebitzer. Avaliação do ciclo de vida - Parte 2: Práticas actuais de avaliação do impacto. Environment International, 2004, 30, 721-739. https://doi.org/10.1016/j.envint.2003.12.009

[4]. A., Habibi, H., Tavakoli, A., Esmaeili, A., Golzary. Avaliação comparativa do ciclo de vida (LCA) de misturas de betão: uma revisão crítica. European Journal of Environmental and Civil Engineering, 2022, 1-19. https://doi.org/10.1080/19648189.2022.2078885

[5]. L., Boubaker, N., Gondran, M., Djebabra. Para uma combinação de LCA / FMEA-E para a análise ambiental de uma fábrica de cimento argelina. Waste Sciences and Techniques, 2008, 24-28. https://doi.org/10.4267/dechets-sciences-techniques.1520

[6]. C., Chen, R., Xu, D., Dan Tong, X., Qin, J., Cheng, J., Liu, B., Zheng, L., Yan, Q., & Qiang Zhang. Um crescimento impressionante das emissões de CO2 da indústria global de cimento impulsionado por novas instalações em países emergentes. Environmental Research, 2022, 17, 044007:1-13. https://doi.org/10.1088/1748-9326/ac48b5

[7]. L.F. Cabeza, V. Rincón, G. Vilariño, A. Pérez, A. Castell. Avaliação do ciclo de vida (LCA) e análise energética do ciclo de vida (LCEA) de edifícios e do sector da construção: A review. Renewable

and Sustainable Energy Reviews, 2014, 9, 394-416. https://doi.org/10.1016/j.rser.2013.08.037

[8]. M., Amran, N., Makul, R., Fediuk, Y., Huei Lee, N., Ivanovich Vatin, Y., Yong Lee, K., Mohammed. Experiências globais de recuperação de carbono da indústria do cimento. Case Studies in Construction Materials, 2022,17, e01439. https://doi.org/10.1016/j.cscm.2022.

[9]. J.B., Guinée, R., Heijungs, G., Huppes, A., Zamagni, P., Masoni, R., Buonamici, T., Ekvall, T., Rydberg. Analyse du cycle de vie: passé, présent et futur. Environmental Science & Technology, 2011, 45, 90-96. https://doi.org/10.1021/es101316v

[10]. A., Azapagic. Análise do ciclo de vida e sua aplicação à seleção, conceção e otimização de processos. Chemical Engineering Journal, 1999, 73, 1-21. https://doi.org/10.1016/S1385-8947(99)00042-X

[11]. R., Dandautiya, A.P., Singh. Potencial de utilização de cinzas volantes e rejeitos de cobre no betão como substituição parcial do cimento, juntamente com a avaliação do ciclo de vida. Gestão de Resíduos, 2019, 99, 90-101. https://doi.org/10.1016/j.wasman.2019.08.036

[12]. M., Finkbeiner, A., Inaba, R., Tan, K., Christiansen, H-J., Kluppel. As novas normas internacionais para a avaliação do ciclo de vida: ISO 14040 e ISO 14044. The International Journal of Life Cycle Assessment, 2006, 11(2), 80-85. https://doi.org/10.1065/lca2006.02.002

[13]. T., García-Segura, V., Yepes, J., Alcala. Emissões de gases com efeito de estufa do ciclo de vida do betão de cimento misturado, incluindo a carbonatação e a durabilidade. The International Journal of Life Cycle Assessment, 2014, 19(1), 3-12. https://doi.org/10.1007/s11367-013-0614-0

[14]. D.A., Lopes Silva, A.O., Nunes, V.A., da Silva Moris, C.M., Piekarski, T.O., Rodrigue. Qual a importância da ferramenta de software de ACV escolhida? Resultados comparativos de GaBi, openLCA, SimaPro e Umberto. In VII Conferencia Internacional de Análisis de Ciclo de Vida en Latinoamérica, 2017, 1-6.

[15]. T., Mavungu. Conceção de uma ferramenta técnico-digital dedicada ao estudo e análise exergoenergética de instalações de cimento. Tese de bacharelato, Universidade do Kongo, 2018.

[16]. B-J R. B. Mungyeko. Estudo térmico e otimização do desempenho da unidade rotativa de cimento da fábrica nacional de cimento de Kimpese. Tese de bacharelato, Universidade do Kongo, 2010.

[17]. B-J. R. B., Mungyeko, G., Wanlongo-Ndiwulu, C., Pongo-Pongo. Análise dos parâmetros que afectam o consumo de energia num forno rotativo de cimento e possíveis soluções de otimização energética. Congresso Térmico Francês, 2015, 1-8. https://univ-pau.hal.science/hal-02569730v1

[18]. M., Bouhidél. Aplicação da análise do ciclo de vida para um desenvolvimento durável: o caso das cimenteries algériennes. Mémoire de master, Universidade El-Hadj Lakhdar Batna, Algérie, 2009, 1-128

[19]. L., Poudyal, K., Adhikari. Environmental sustainability in the cement industry: Uma abordagem integrada para uma produção de cimento ecológica e económica. Recursos, Ambiente e Sustentabilidade, 2021, 4, 100024. https://doi.org/10.1016/j.resenv.2021.100024

[20]. Y., Izumi, A., Iizuka, H-J., Ho. Cálculo das emissões de gases de efeito estufa para um sistema de reciclagem de carbono usando tecnologia de captura e utilização de carbono mineral na indústria de cimento. Journal of Cleaner Production, 2021, 312, 127618. https://doi.org/10.1016/j.jclepro.2021.127618

[21]. Regulamento (UE) n.º 601/2012. Regulamento da Comissão, de 21 de junho de 2012, relativo à monitorização e comunicação de informações relativas às emissões de gases com efeito de estufa, nos termos da Diretiva 2003/87/CE do Parlamento Europeu e do Conselho. Jornal Oficial da União Europeia, 2012, 181-20

[22] A indústria cimenteira francesa. Cimento e betão, muito construtivo e ecológico, França, 2013.

[23] Olympios Alifieris, Dimitrios Katsourinis, Dimitrios Giannopoulos, Maria Founti. Simulação de processos e avaliação do ciclo de vida da produção de pigmentos cerâmicos: Um estudo de caso do Green Cr2O3. Grécia, 2021.

[24] Marilys Pradel. Análises do ciclo de vida aplicadas ao tratamento de lamas de depuração: estado da arte, avaliação dos conhecimentos e dos impactos ambientais, França, 2008.

[25] Mouhamadou Moustaph e Adama SOW. Previsão da taxa de humidade do cimento e estudo do seu impacto no equilíbrio térmico da cozedura. Projeto de estudo final, Universidade Cheikh Anta Diop de Dakar, 2007.

[26] R. LEROY, L. DIMITRIADI. Manual de ligantes para betão, ENSA Paris Malaquais, 2014.

[27] Chunlin Xin, Tingting Zhang, Sang-Bing Tsai, Yu-Ming Zhai, Jiangtao Wang. Um estudo empírico sobre os cálculos das emissões de gases com efeito de estufa no âmbito de diferentes estratégias de gestão dos resíduos sólidos urbanos. Artigo, China, 2020.

[28] François DE Larrard. Algumas questões levantadas pela análise do ciclo de vida das infra-estruturas rodoviárias. Boletim dos laboratórios de pontes e estradas, França, 2009.

[29] Nirmala Menikpura, Janya Sang-Arun. Ferramenta de estimativa das emissões de gases com efeito de estufa (GEE) da gestão de resíduos sólidos urbanos (RSU) numa perspetiva de ciclo de vida. Manual do utilizador, Instituto de Estratégias Ambientais Globais, Japão, 2013.

[30] Marilys Pradel. Vantagens e limitações da Análise do Ciclo de Vida no sector agrícola. Artigo, França, 2011.

[31] Nahouolo Coulibaly. A análise do ciclo de vida e o impacto nos consumidores. Tese de mestrado, Universidade de Sherbrooke, Canadá, 2012.

[32] Matthieu Sevin. Análise do ciclo de vida à escala do bairro. Tese de mestrado, Universidade de Liège, Faculdade de Ciências Aplicadas, Bélgica, 2018.

[33] Patrick Pinel. Perspectivas de melhoria do desempenho ambiental das fábricas de cimento do Quebeque. Tese de mestrado, Universidade de Sherbrooke, Canadá, 2015.
[34] B.Durand. Combustíveis fósseis (carvão, petróleo, gás natural, etc.). Conselho Científico, fevereiro de 2014.

ÍNDICE DE CONTEÚDOS

Printed by Books on Demand GmbH, Norderstedt / Germany